BEI GRIN MACHT SICH IHR WISSEN BEZAHLT

Risikomanagement nach der ISO 31000. Requirements Engineering und Risikomanagement

Bibliografische Information der Deutschen Nationalbibliothek:

Die Deutsche Nationalbibliothek verzeichnet diese Publikation in der Deutschen Nationalbibliografie; detaillierte bibliografische Daten sind im Internet über http://dnb.d-nb.de abrufbar.

ISBN: 9783346892959
Dieses Buch ist auch als E-Book erhältlich.

© GRIN Publishing GmbH
Trappentreustraße 1
80339 München

Druck und Bindung: Books on Demand GmbH, Norderstedt Germany
Gedruckt auf säurefreiem Papier aus verantwortungsvollen Quellen

Das Buch bei GRIN: https://www.grin.com/document/1365256

Assignment

Risikomanagement nach der ISO 31000

Modul: Requirements Engineering und Risikomanagement

Datum der Einreichung: 06.02.2021

Datum der Abgabe: 03.04.2021

AKAD-Studiengang: Wirtschaftsingenieurwesen (M. Eng.)

Elsenfeld, 16.02.2021

Inhaltsverzeichnis

Abbildungsverzeichnis

Abkürzungsverzeichnis

ALARP	As Low As Reasonable Practicable
FMEA	Fehlermöglichkeits-Einflussanalyse
ISO	Organization for Standardization
PDCA	Plan-Do-Check-Act

Tabellenverzeichnis

1 Einführung in die Thematik

1.1 Ausgangslage und Problemstellung

„Nichts geschieht ohne Risiko – aber ohne Risiko geschieht auch nichts".[1]

Mit diesem Zitat soll verdeutlicht werden, dass jegliche Handlungsweisen, die getätigt werden, wie bspw. das unternehmerische Handeln, gleichwohl mit Risiken in Verbindung steht. Die Komplexität von gesellschaftlichen, wirtschaftlichen und gesetzlichen Regelungen stellen für Unternehmen grundlegende Herausforderungen dar. Vor allem die Internationalisierung und der steigende Wettbewerbsdruck sind weitere Aspekte, mit der sich ein Unternehmen weltweit konfrontiert sieht. Diese Herausforderungen sind sowohl mit Chancen und als auch mit Risiken verbunden, die es zu bewältigen gilt. In diesem Zusammenhang nimmt das Risikomanagement einen immer höheren Stellenwert für Unternehmen ein, um die Existenz einer Organisation weiterhin sicherstellen zu können.[2] Dennoch lässt sich die Problematik dieses Themas darin identifizieren, dass die Umsetzung eines angemessenen Risikomanagements in der eigenen Organisation fehlt bzw. nur teilweise vorhanden ist. Der Grund hierfür ist u.a. das fehlende Wissen zur Anwendung von Methoden. In der heutigen Zeit ist es für Unternehmen als überlebenswichtig anzusehen, diese Risikofaktoren zu identifizieren, zu bewerten und zu steuern. Um dieser Problematik entgegenwirken zu können, stellt die International Organization for Standardization (ISO) eine Norm dar, mit dem Ziel ein strukturiertes und systematisches Managementsystem zu implementieren, um somit die Risiken im Unternehmen vorbeugen zu können.[3]

1.2 Zielsetzung und methodisches Vorgehen

Das Ziel dieses Assignments besteht darin, eine Beschreibung des Risikomanagement-Prozesses nach ISO 31000 vorzunehmen und diesen anhand eines fiktiven Beispiels zu illustren. Dabei wird jede Risikomanagement-Aktivität durch eine entsprechende

---

[1] Keitsch, D. (2004), S. 1.
[2] Vgl. Wien, A., Kirschner, R. (2012), S. 192.
[3] Vgl. Romeike, F. (2018), S. VI ff.

Methode vorgestellt. Literaturgeleitet werden zunächst die Grundlagen des Risikomanagements erläutert. Dabei wird zunächst auf die Definition von Risiko und Risikomanagement eingegangen. Neben dieser Definition erfolgt die Beschreibung des Riskmanagements nach ISO 31000 und des Risikomanagement-Prozesses nach ISO 31000. Darauf aufbauend lässt sich der Risikomanagement-Prozess am Beispiel der Mucid Elektrofahrzeuge AG illustrieren. Dabei werden die einzelnen Prozesse erstmals deskriptiv beschrieben, bevor sie anhand des Praxisbeispiels näher erläutert werden. Abschließend erfolgt eine Zusammenfassung sowie eine kritische Betrachtung. Ein Ausblick auf weitere Untersuchungen rundet die Arbeit ab.

2 Theoretische Grundlagen

Um ein Verständnis zum Thema Risikomanagement zu erhalten, werden im folgenden Abschnitt des Assignments die Begriffe Risiko und Risikomanagement erläutert. Darauf aufbauend erfolgt die Beschreibung des Risikomanagements nach ISO 31000 und des Risikomanagement-Prozesses nach ISO 31000.

2.1 Definition Risiko und Risikomanagement

Der Begriff Risiko wird in der Literatur auf die verschiedensten Arten definiert, da dieser aus der ureigenen subjektiven Risikowahrnehmungen resultiert. Allerdings lässt sich der Ursprung bis heute nicht eindeutig nachweisen. Im deutschsprachigen Raum wird der Begriff als eine negative Abweichung bei einer Unternehmung definiert, die mit möglichen Nachteilen, Verlusten oder Schäden zu verstehen ist. Dabei wird von einem Risiko ausgegangen, wenn die Folgen ungewiss sind.[4] Neben der negativen Abweichung besteht auch die Möglichkeit einer positiven Abweichung, welche als Chance bezeichnet wird. Aus ökonomischen Gesichtspunkten ist sowohl die positive als auch die negative Abweichung als sinnvoll zu betrachten, da sich diese gegenseitig ausgleichen können und zur Berechnung des Gesamtrisikos beiträgt.[5] In Bezug auf das Risikomanagement wird das Risiko als eine akzeptierbare begleitende Gefahr im Rahmen des unternehmerischen Handelns und des Entscheidens verstanden, welche als kalkulierbare Größe eines

---

[4] Vgl. Romeike, F. (2018), S. 8.
[5] Vgl. Gleißner, W. (2011), S. 10.

unerwünschten Ereignisses bei der Zielerreichung definiert wird. Dabei wird die kalkulierbare Größe von dem Wirtschaftswissenschaftler Frank Knight aus dem Jahre 1921 dahingehend unterschieden, dass das Risiko ein Erkennen von Eintrittswahrscheinlichkeit ist, ohne sicher zu wissen was passieren wird. Wenn allerdings die Wahrscheinlichkeit nicht erkannt wird, dann wird von Ungewissheit ausgegangen. Grundsätzlich können Risiken in Kategorien eingeteilt werden, wie bspw. Risiken höherer Gewalt, politische und/oder ökonomische Risiken sowie Unternehmensrisiken, die sich wiederum in Geschäftsrisiken, Finanzrisiken und Betriebsrisiken unterscheiden.[6] Aufgrund des begrenzten Umfangs des Assignments werden die Risikokategorien im Anhang grafisch dargestellt (siehe Anhang 1).

Die historischen Wurzeln über den Begriff des Risikomanagements lässt sich in der amerikanischen Unternehmenspraxis finden. Im späteren Verlauf verbreitete sich dieser auch im deutschsprachigen Raum aus. Dabei wurde in den sechziger Jahren „Risk Management" betrieben, bei dem die versicherbaren Risiken als Kernfaktor in das Risikomanagement etabliert und mit dem Begriff Versicherungsmanagement gleichgesetzt wurden. Das Ziel bestand vor allem darin, die Risiken auf die Versicherungen zu übertragen. Aufgrund der ansteigenden Versicherungsprämien kam es dazu, dass Unternehmen vermehrt ihre Risiken selbst getragen haben und somit ein systematisches Umdenken in Bezug auf den Umgang mit Risiken stattfinden musste. Diesbezüglich haben europäischen Unternehmen Abteilungen gegründet, die sich hauptsächlich um das Managen von Risiken befassen. Dabei ist man zu der Erkenntnis gekommen, dass sich das Risikomanagement auch auf andere Unternehmensbereiche übertragen lässt. So wurden neben den versicherungstechnischen Risiken auch die Gewinn- und Verlustrisiken einbezogen. Auch wurde versucht den zeitlichen Aspekt von Risikomanagement zu berücksichtigen. Statt auf bereits eingetretene Risikosituationen einzugehen, versuchte man nach Methoden zu suchen, die Risiken sowohl frühzeitig erkennen lassen als auch rechtzeitig entgegenwirken zu können.[7] Somit lässt sich das Risikomanagement in der heutigen Zeit wie folgt definieren:

---

[6] Vgl. Keitsch, D. (2004), S. 3 ff.
[7] Vgl. Pampel, K. (2005), S. 13 f.

„Die Gesamtheit aller organisatorischen Regelungen und Maßnahmen zur Risikoerken-
nung und zum Umgang mit den Risiken aus unternehmerischer Betätigung werden als
Risikomanagement bezeichnet."[8]

2.2 Risikomanagement nach ISO 31000

Die ISO, welche im Jahre 1947 in London gegründet wurde, ist eine unabhängige und nichtstaatliche Mitgliedsorganisation von 162 Normungsgremien. Anhand deren Mitglieder werden Experten zusammengebracht, die ihr Wissen untereinander teilen und dadurch die Innovationen fördern. Dabei werden inhaltliche und marktrelevante Normen entwickelt, die zur Lösung von globalen Herausforderungen beitragen sollen. Die ISO veröffentlichte mehr als 22.000[9] internationale Normen, die alle Branchen abdecken mit Ausnahme der Elektrobranche und Telekommunikationsbranche, da diese bereits eine eigenständige Normung haben.[10]

Die Ursprünge der ISO 31000 stammen aus den australischen/neuseeländischen Risikomanagementstandard AS/NZS 4360 sowie der österreichischen Norm ONR 49000, bei der die Entwicklung der Norm maßgeblich beeinflusst wurde.[11] Das Ziel der ISO 31000 besteht für Unternehmen darin, ein verbessertes und risikoärmeres Risikomanagementsystem zu implementieren, damit eine effektive Entscheidungsfindung ermöglicht werden kann.[12] Dabei soll das Risikomanagement mit bestehenden Managementsystemen verbunden werden, um ein einheitliches Managementsystem zu integrieren.[13] Alle fünf Jahre werden die Normen überprüft und ggf. überarbeitet. Dabei soll die Aktualität erhalten bleiben und die daraus resultierenden Herausforderungen ergänzt werden. Die erste Veröffentlichung der ISO 31000 fand im Jahre 2009 statt und wurde aufgrund der gestiegenen Komplexität von Wirtschaftssystemen und der neu auftretenden Risikofaktoren, wie bspw. die digitale Währung im Jahre 2018 überarbeitet.[14]

---

[8] Wolf, K., Runzheimer, B. (2009), S. 250.
[9] Der aktuelle Stand bezieht sich aus dem Jahre 2018, vgl. ISO (2018), (Zugriff am 06.02.2021).
[10] Vgl. ISO (2018), (Zugriff am 06.02.2021).
[11] Vgl. Bartelt, S., Wieben, H.J (2017), (Zugriff am 09.02.2021).
[12] Vgl. ISO (2018), (Zugriff am 06.02.2021).
[13] Vgl. Romeike, F. (2018), S. 21.
[14] Vgl. ISO (2018), (Zugriff am 06.02.2021).

Inhaltlich betrachtet baut das Risikomanagement auf den Prinzipien und Grundsätzen, den Rahmen und den Prozess nach ISO 31000 auf (siehe Anhang 2). Dabei bilden die Prinzipien eine Grundlage für den Umgang mit Risiken und sollen daher bei der Festlegung des Rahmens und des Prozesses berücksichtigt werden. Die Grundsätze bieten einen Orientierungsrahmen für Unternehmen, um ein effektives und effizientes Risikomanagement sicherzustellen. Dazu gehört u.a. ein strukturierter und umfassender Aufbau, welches sich unmittelbar an veränderten Risiken dynamisch anpassen kann. In Bezug auf das Rahmenwerk sollen bedeutende Aktivitäten und Funktionen in die Organisation berücksichtigt werden. Dabei kann es sich individuell an die Bedürfnisse und der Ausrichtung eines Unternehmens anpassen.[15] Der Fokus wird dabei auf die Führungsposition gelegt, da sie für den Umgang der Risiken verantwortlich sind. Das Rahmenwerk folgt dabei einer kontinuierlichen Verbesserung und agiert nach dem Plan-Do-Check-Act (PDCA)-Zyklus von W. Deming.[16] Schließlich stellt der Prozess des Risikomanagements die systematische Umsetzung dar, worauf im nächsten Abschnitt des Assignments eingegangen wird.

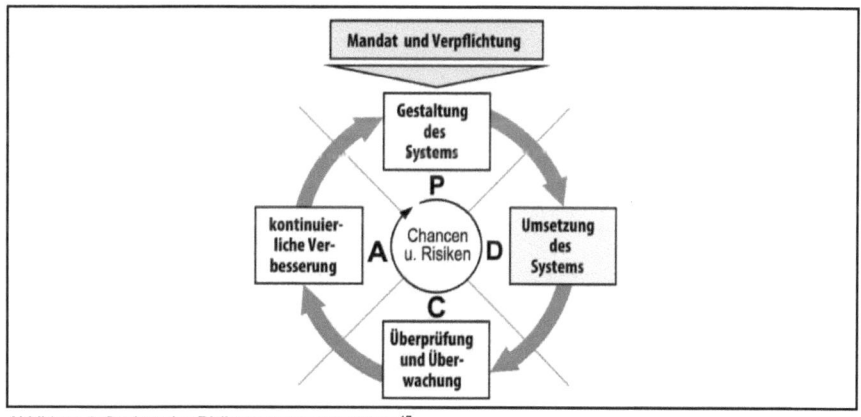

Abbildung 1: Struktur des Risikomanagementsystems[17]

---

[15] Vgl. Mahnke, A., Rohlfs, T. (2020), S. 224 f.
[16] Vgl. Wälder, K., Wälder, O. (2017), S. 133.
[17] Wolle, B. (2014), S. 94.

2.3 Risikomanagement-Prozess nach ISO 31000

Der Risikomanagement-Prozess nach ISO 31000 besteht, wie in der Abbildung 2 grafisch dargestellt, aus mehreren Prozessschritten. Die Kernprozesse beinhalten Festlegung des Rahmens, Risikoidentifikation, Risikoanalyse, Risikobewertung und Risikobehandlung. Die Kernprozesse sollten dabei nicht als alleinstehende Komponente betrachtet, sondern als ganzheitliche Sichtweise berücksichtigt werden.[18] Im Hinblick auf die Kommunikation und Beratung soll ein Bewusstsein für Stakeholder aufgebaut werden, die bei der Entscheidungsfindung von Risiken einbezogen werden. Um die Qualität und Wirksamkeit des Prozesses sicherstellen zu können, ist eine ständige Überwachung und Kontrolle des Systems als essenziell anzusehen.[19] Der Prozess des Risikomanagements ist allgemeingültig und weist einen Modell-Charakter auf. Dieser kann sowohl auf jeder Unternehmensebene als auch in untergeordneten Bereichen eingesetzt werden. Anhand von Rückkopplungen und wiederkehrenden Vorgängen lässt sich der Risikomanagement-Prozess stetig optimieren und verbessern. Um veränderte oder neu hinzukommende Risikosituationen im Unternehmen aufzunehmen, wird der Prozess zyklisch wiederholt.[20]

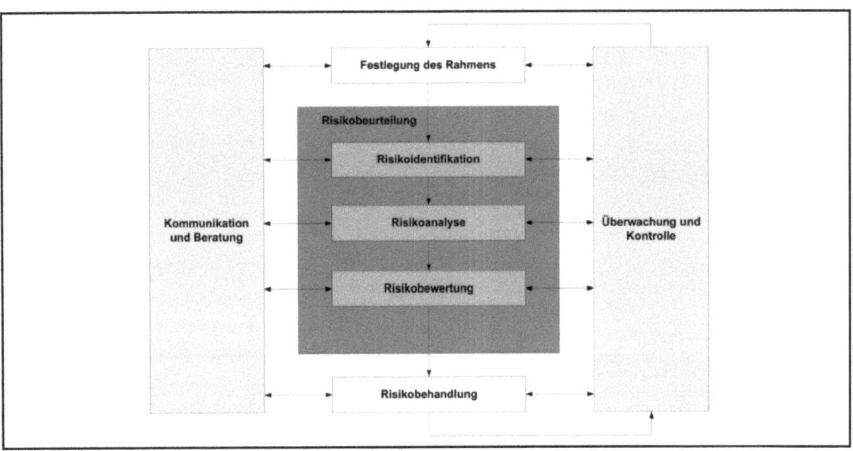

Abbildung 2: Risikomanagement-Prozess[21]

---

[18] Vgl. Hoffmann, W. (2017), S. 17.
[19] Vgl. Mahnke, A., Rohlfs, T. (2020), S. 154 f.
[20] Vgl. Königs, H.P. (2013): S. 43 f.
[21] Hoffmann, W. (2017), S. 18.

3   Risikomanagement-Prozess nach ISO 31000 am Beispiel der Mucid Elektro-fahrzeuge AG

3.1   Vorstellung des Unternehmens Mucid Elektrofahrzeuge AG

Das deutsche Unternehmen Mucid Elektrofahrzeuge AG (fiktives Unternehmen) gehört zu den bekanntesten Automobilunternehmen und hat seinen Firmensitz in Frankfurt am Main, wo sich auch das Forschungs- und Entwicklungszentrum befindet. Das Unternehmen ist in 150 Ländern, 750 Standorts mit rund 250.000 Mitarbeitern weltweit vertreten und erzielte im Jahre 2020 einen Jahresumsatz i.H.v. 45 Milliarden Euro. Zu den Kernaufgaben gehört das Produzieren und Vertreiben von Elektroautos. Das Ziel von Mucid Elektrofahrzeuge ist „die Beschleunigung des Übergangs zu nachhaltiger Energie." Hohe Technologie- und Innovationskompetenzen zeichnen sich durch Ästhetik, Dynamik und Qualität aus. Die Basis zum wirtschaftlichen Erfolg ist das langfristige Denken und Verantwortungsbewusste Handeln. Das Konzept des Unternehmens beinhaltet ökologische und soziale Nachhaltigkeit, umfassende Produktverantwortung sowie Ressourcenminderung. Mucid Elektrofahrzeuge gehört somit zu den nachhaltigsten Unternehmen in der Automobilbranche.

Aufgrund von neuen Technologieentwicklungen und der daraus steigenden Komplexität in der Automobilbranche fühlt sich das Unternehmen dazu aufgefordert das Risikomanagement nach der ISO 31000 zu aktualisieren und kontinuierlich weiterzuentwickeln. Das Ziel besteht darin, ihre Risiken zu erkennen und dahingehend zu minimieren, sodass Mucid Elektrofahrzeuge weiterhin als starker Marktführer bleibt. Dabei stützt sich das Unternehmen auf die Serienproduktion der Prozesse von Elektrofahrzeugen, da diese einen erheblichen Einfluss auf den Absatz und den Erfolg des Unternehmens haben.

3.2   Festlegung des Rahmens

Der Einstieg des Risikomanagement-Prozesses erfolgt über den Schritt „Festlegung des Rahmens". Es handelt sich hierbei um die Definition von internen und externen Einflussfaktoren eines Unternehmens. Zu den externen Einflussfaktoren gehören u.a.

Stakeholdergruppen, die nicht der Organisation angehören, wie bspw. Kunden, Lieferanten, Kreditinstitute, der Staat sowie das politische, rechtliche, ökologische, ökonomische als auch das technische Umfeld. Zu den internen Einflussfaktoren gehören Personengruppen, die der Organisation angehören. Dabei werden die Wechselbeziehungen und Wechselwirkungen innerhalb der Organisation berücksichtigt, wie bspw. die Unternehmens- und Risikomanagementziele, Ressourcen, Risikomanagement-Zuständigkeiten und Geschäftsprozesse. Des Weiteren ist es als essenziell anzusehen, die Risikokriterien eines Unternehmens vorab zu definieren, da die Ergebnisse eines Risikofaktors reproduzierbar sein sollen. Dabei werden die Auswirkungen und die Eintrittswahrscheinlichkeiten eines Risikos eingestuft, die mit den Zielen, Werten und Ressourcen eines Unternehmens einhergehen. Die Kriterien bilden die Grundlage für das weitere Vorgehen des Risikomanagement-Prozesses.[22]

In Bezug auf die externen Einflussfaktoren der Mucid Elektrofahrzeuge wird eine Aufstellung über die wichtigsten Kunden, Ersatzteillieferanten, Wettbewerber, Umweltorganisationen und den gesetzlichen Vorgaben aus der Automobilbranche erhoben. Dadurch soll aufgezeigt werden, welche Stakeholder von den Risiken eines Unternehmens betroffen sind und wie die Anforderungen und dessen Interessen im Prozess berücksichtigt werden kann. Die internen Einflussfaktoren lassen sich in strategische und operative Risikobereiche unterteilen. Zu den strategischen Bereichen gehört u.a. die Sicherstellung von finanziellen Ressourcen sowie die Fertigungs- und Personalkapazität. Zum operativen Bereich zählen vor allem die Projektentwicklung, -Planung und Umsetzung sowie eine hohe Qualitätssicherung. Bei der Bestimmung von Risikokriterien werden Verantwortliche Mitarbeiter ausgewählt, die die Auswirkungen und Eintrittswahrscheinlichkeiten von Risikofaktoren auf einer fünfstufigen Skala einschätzen und spezifizieren.

3.3 Risikoidentifikation

Die Risikoidentifikation beinhaltet die erste Phase der Risikobeurteilung. Das Ziel besteht darin, eine möglichst große Anzahl an Störfaktoren und deren Wirkungen im

---

[22] Vgl. Brühwiler, B. (2011), S. 103 ff.

Gesamtzusammenhang des Unternehmens zu erkennen.[23] Die Risikoidentifikation bildet damit die Grundlage für weitere Risikobeurteilungen im Managementprozess. Allerdings kann es vorkommen, dass es aufgrund von schwachen methodischen Vorgängen oder oberflächlichen Betrachtungsweisen zu einer Fehlidentifikation von Risiken kommen kann. Dadurch wird die Entwicklung und die Anwendung von Maßnahmen unterschätzt oder sogar übersehen, was schließlich mit negativen Folgen behaftet sein kann. Aus diesem Grund ist es als essenziell anzusehen, die richtigen Methoden zielgerichtet einzusetzen. Dabei lassen sich die Methoden nach Kollektionsmethoden und Suchmethoden unterscheiden. Unter Kollektionsmethoden werden die Risiken verstanden, die bereits offensichtlich oder aus der Vergangenheit bekannt sind. Dazu zählen bspw. Checklisten oder Interviews. Unter Suchmethoden, die wiederrum in analytische Methoden und Kreativitätsmethoden unterteilt werden, lassen sich die Risiken identifizieren, die bisher noch unbekannte Risikopotentiale aufweisen. Dazu zählen bspw. die empirische Datenanalyse, Brainstorming oder die Methode 635. Ein Überblick über die verschiedenen Anwendungsmethoden lassen sich im Anhang des Assignments grafisch darstellen, welche auch für die Risikoanalyse und Bewertung verwendet werden kann (siehe Anhang 3).[24]

In der Serienproduktion der Mucid Elektrofahrzeuge wurde bereits eine Risikoidentifikation durchgeführt. Somit können diese Informationen für weitere Analysezwecke verwendet werden. Dennoch wurden die Mitarbeiter dazu aufgefordert, ein Interview mit den Risikomanager zu führen, um herauszufinden welche neu aufgetretenen Risiken in deren Arbeitsumfeld erkannt worden sind. Aus den Ergebnissen des Interviews lassen sich die Risiken durch den Risikomanager identifizieren und mit den internen und externen Rahmenbedingungen des Unternehmens abgleichen. In einer Gruppendiskussion zwischen dem Risikomanager und den Leitern der Serienproduktion wurden die bereits erkannten und neu identifizierten Risiken validiert und in einer Risikoliste zusammengetragen.

---

[23] Vgl. Runzheimer, B., Wolf, K. (2003), S. 41.
[24] Vgl. Romeike, F., Hager, P. (2020), S. 88 ff.

Tabelle 1: Risikoliste der Mucid Elektrofahrzeuge AG[25]

Risikoart	Code	Risiko	Beschreibung / Ursache
Personal	PL 1	Mitarbeiterunzufriedenheit	Monotone Arbeitsweise führt zur sinkenden Produktivität und somit zu geringeren Absatzmengen.
	PL 2	Arbeitsunfälle	Schnittverletzungen aufgrund von scharfkantigen Bauteilen. Dies führt zu erhöhten Krankheitsausfällen.
	PL 3	Personalfluktuation	Schichtarbeit sorgt für eine unausgeglichene Work-Life-Balance und zu vermehrten Kündigungen. Dies führt zeitweise zu Fachkräftemangel.
Prozess	PZ 1	IT-Ausfälle	Ausfall von Maschinenanlagen aufgrund eines Hardware-Fehlers der IT. Dadurch werden Absatzziele verfehlt und es kommt zu Umsatzeinbußen.
	PZ 2	Produktionsausfälle	Produktionsstillstand durch Engpässe in der Lieferkette, die auf die Corona-Pandemie zurückzuführen ist. Mitarbeiter werden nicht ausgelastet, was zu Zeitverlusten und Umsatzeinbußen führt.
	PZ 3	Korrekturmaßnahmen am Bauteil	Ersatzteillieferung ist nicht montagegerecht geliefert worden. Eine manuelle Nacharbeit von Mitarbeitern ist erforderlich, was Zeit und Kosten verursacht.
Bauteil	BT 1	Nichtfunktionsfähiges Bauteil	Defekte Komponente, wie bspw. Elektromotor wird montiert und nicht im Produktionsprozess bemerkt. Kann zu Todesunfällen führen und einen Reputationsverlust erzeugen.
	BT 2	Bauteil mit Sachmängeln	Bauteil mit Qualitätsmängeln wird verbaut, wie bspw. Kratzer von außen oder Farbabweichungen. Bauteil ist dennoch voll funktionsfähig.
	BT 3	Veraltetes Bauteil	Veraltete Komponente wird verbaut. Durch eine aktuelle Version des Bauteils, kann es dazu kommen, dass derzeit noch das alte Bauteil verbaut wird. Dies hat dennoch keinen Einfluss auf die Qualität des Bauteils.

---

[25] Eigene Darstellung.

3.4 Risikoanalyse

Die Risikoanalyse beinhaltet die zweite Phase der Risikobeurteilung. Dabei handelt es sich um das zu Beginn identifizierte Risiko, welches bei der Analyse sachgemäß bezeichnet und beschrieben wird. Dadurch lassen sich die Ursache-Wirkungszusammenhänge des Risikos erkennen, welche durch den Grad der Eintrittswahrscheinlichkeit und Auswirkung anhand der zuvor aufgestellten Risikokriterien ergänzt wird. Dabei beschreibt der Grad der Eintrittswahrscheinlichkeit, wie häufig bzw. wie wahrscheinlich ein Risiko eintritt. Die Auswirkung eines Schadens drückt sich in Personen- und Imageschaden, sowie in Schäden der finanziellen Hinsicht aus. Das Ziel einer Risikoanalyse besteht zum einen darin, den Stakeholdern einen transparenten Rahmen über die Risiken des Unternehmens darzulegen, zum anderen wird durch die Analyse eine Grundlage geschaffen, welche für das weitere Vorgehen für die Risikobewertung von Bedeutung ist. Um eine Risikoeinschätzung vornehmen zu können kann das Risikodiagramm als Werkzeug verwendet werden und mit Hilfe von weiteren Analysen, wie bspw. Fehlerbaumanalyse, Gefährdungsanalyse, Szenario-Technik ergänzt werden. Dennoch kann die Risikoanalyse mit Unsicherheiten behaftet sein, da sowohl die Eintrittswahrscheinlichkeit als auch die Schadenshöhe subjektiv betrachtet und ermittelt wird. Aus diesem Grund sind detaillierte Kenntnisse und ein umfangsreiches Verständnis für die Einordnung des Risikos als Voraussetzung anzusehen.[26]

Im Unternehmen Mucid Elektrofahrzeuge soll zur Risikoanalyse das Risikodiagramm angewendet werden. Die Einstufung von Risikokriterien über die Auswirkungen und Eintrittswahrscheinlichkeiten erfolgte dabei zu Beginn des Risikomanagement-Prozesses. Das Unternehmen hat sich für die Einstufung von Auswirkungen auf *unbedeutend*, *gering*, *spürbar*, *kritisch* und *katastrophal* entschieden. Die Einstufung über die Eintrittswahrscheinlichkeit beläuft sich auf *unwahrscheinlich*, *sehr selten*, *selten*, *möglich* und *häufig*. Die Beschreibung sowie die Ursache von Risiken wurde bereits bei der Risikoidentifikation durchgeführt. Ggf. lassen sich in der Analyse weitere Risiken identifizieren. Um diese zu bewerten, wurden zudem historische Daten der letzten Risikoanalyse herangezogen sowie die aktuellen Trends und Entwicklungen berücksichtigt. Nach

---

[26] Vgl. Brühwiler, B. (2011), S. 124 ff.

Ermittlung aller relevanten Daten von Seiten des Risikomanagers und den Leitern der Serienproduktion konnten die Risiken wie folgt eingestuft werden:

Tabelle 2: Risikoanalyse der Mucid Elektrofahrzeuge AG[27]

Risikoart	Code	Beschreibung / Ursache	Eintrittswahr-scheinlichkeit	Auswirkung
Personal	PL 1	Mitarbeiterunzufriedenheit aufgrund von monotoner Arbeitsweise.	selten	spürbar
	PL 2	Arbeitsunfälle aufgrund von Schnittverletzungen am Bauteil.	möglich	spürbar
	PL 3	Personalfluktuation aufgrund von Schichtarbeit.	möglich	gering
Prozess	PZ 1	IT-Ausfälle aufgrund eines Hardware-Fehlers.	selten	kritisch
	PZ 2	Produktionsausfälle aufgrund von Engpässen in der Lieferkette.	möglich	kritisch
	PZ 3	Korrekturmaßnahmen am Bauteil aufgrund von nicht-montagegerechter Lieferung.	sehr selten	kritisch
Bauteil	BT 1	Nichtfunktionsfähiges Bauteil aufgrund von defekter Komponente.	sehr selten	katastrophal
	BT 2	Bauteil mit Sachmängeln aufgrund von fehlender Qualität.	selten	unbedeutend
	BT 3	Veraltetes Bauteil aufgrund von aktueller Version.	selten	unbedeutend

---

[27] Eigene Darstellung.

Auf der Risikoanalyse aufbauend lässt sich das Risikodiagramm anhand einer zweidi-mensionalen Matrix darstellen, bei der die y-Achse die Eintrittswahrscheinlichkeit und die x-Achse die Auswirkung bzw. das Ausmaß des Schadens dargestellt. Das Diagramm stellt somit eine Grundlage für die Risikobewertung dar.

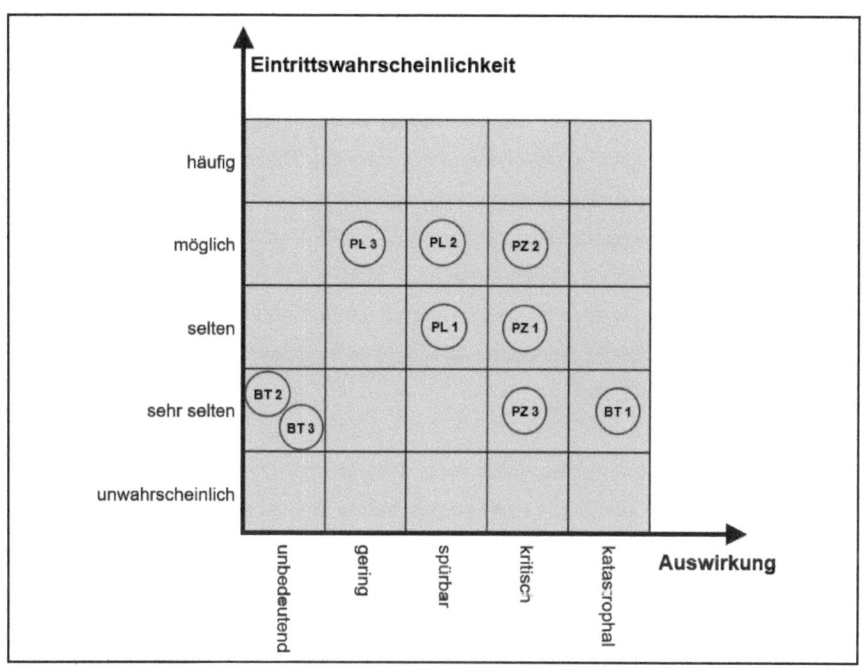

Abbildung 3: Einordnung der Risiken im Risikodiagramm[28]

3.5 Risikobewertung

Die Risikobewertung bildet die letzte Phase der Risikobeurteilung. Das Ziel dieser Phase besteht darin, die identifizierten und analysierten Risiken transparent zu gestalten und für Stakeholdergruppen offenzulegen.[29] Bei einer Risikobewertung muss sich grundsätzlich die Frage gestellt werden, wie ein Risiko einzuschätzen bzw. zu priorisieren ist. Sowohl die Berechnung mit Hilfe von Zahlenwerten als auch die Verwendung von

---

[28] Eigene Darstellung.
[29] Vgl. Runzheimer, B., Wolf, K. (2003), S. 57.

Wahrscheinlichkeiten geben keine Garantie dafür, ob das Risiko tatsächlich eintritt oder nicht. Vielmehr soll eine Risikobewertung dazu dienen, die richtige Entscheidung/Trefferquote bei der Einschätzung eines Risikos zu erhöhen. Diese Einschätzungen sollen dazu mit den im Vorfeld definierten Risikokriterien abgestimmt und verglichen werden. Das Ergebnis bildet die Basis für die Festlegung der Risikobehandlung.[30] Mit Hilfe des Risikodiagramms lassen sich die festgelegten Risikoeinschätzungen in die Bereiche akzeptabler Bereich, ALARP-Bereich (As Low As Reasonable Practicable) und inakzeptabler Bereich unterteilen. Für Risiken, die in den akzeptablen Bereich eingeteilt werden, ist kein Handlungsbedarf für eine Risikominderung notwendig. Diese Risiken weisen entweder eine geringe Eintrittswahrscheinlichkeit oder eine geringe Schadensauswirkung oder evtl. auch beides auf. Risiken, die sich zunächst im ALARP Bereich befinden sind als akzeptabel anzusehen. Dennoch sollten diese nach Möglichkeit reduziert werden, wenn dies sowohl wirtschaftlich als auch technisch möglich ist. Schließlich umfasst der inakzeptable Bereich die Risiken, für die zwingende Maßnahmen eingeleitet werden müssen und nicht unbeachtet werden dürfen.[31]

Allerdings kann es vorkommen, dass verschiedene Risiken eine korrelierende Wirkung untereinander haben und somit nicht einzeln betrachtet werden dürfen. Ist dies der Fall sollte zusätzlich eine Risikoaggregation durchgeführt werden, um zu ermitteln, ob das Gesamtrisiko eine Existenzgefährdung für ein Unternehmen darstellt. Um dieser Problematik entgegenwirken zu können zusätzliche Methoden, wie bspw. die Monte-Carlo Simulation oder die FMEA (Fehlermöglichkeits-Einflussanalyse) durchgeführt werden.[32]

Im Unternehmen Mucid Elektrofahrzeuge AG haben sich die Verantwortlichkeiten des Risikomanagement-Prozesses zunächst einen Überblick über die eingeschätzten Risiken sowie über die Risikokriterien am Anfang des Prozesses verschafft und miteinander verglichen. Damit wurde das Ergebnis der Risikobewertung in einem Risikodiagramm wie folgt eingeschätzt, sodass entschieden wurde, für welche Risiken Maßnahmen eingeleitet werden müssen und für welche nicht.

---

[30] Vgl. Klipper, S. (2015), S. 75 f.
[31] Vgl. Drews & Seibold, AKAD-Studienbrief RER815, o. J., S. 33 f.
[32] Vgl. Königs, H.-P. (2009), S. 22 ff.

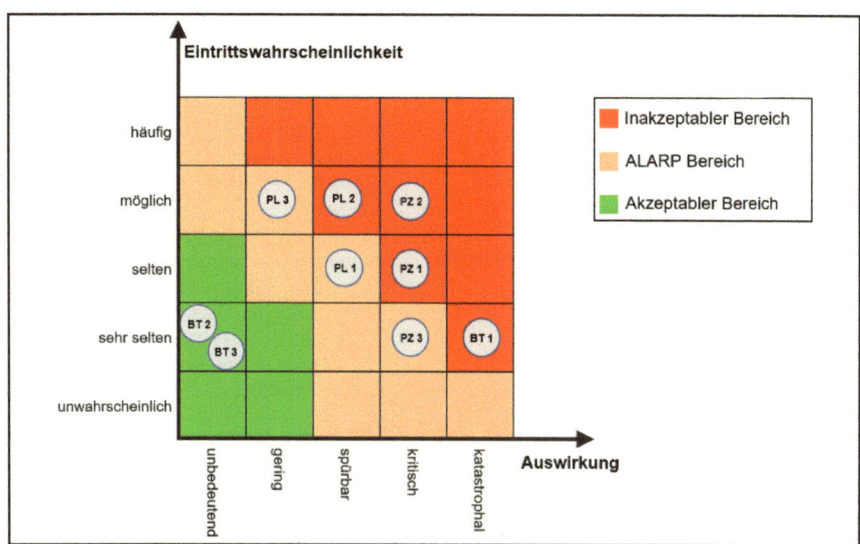

Abbildung 4: Einordnung der Risiken im Risikodiagramm[33]

Wie man in dem Risikodiagramm sehen kann, bevorzugt das Unternehmen Mucid Elektrofahrzeuge AG eine risikoscheue Strategie, da der akzeptable Bereich nur einen geringen Entscheidungsspielraum zulässt. Für folgende Risiken möchte das Unternehmen zeitnah Gegenmaßnahmen einleiten:

---

[33] Eigene Darstellung.

Tabelle 3: Maßnahmeneinleitung der Mucid Elektrofahrzeuge AG[34]

Risikoart	Code	Beschreibung / Ursache	Maßnahmeneinleitung
Personal	PL 2	Arbeitsunfälle aufgrund von Schnittverletzungen am Bauteil.	Anhand von Schnittverletzungen führt dies zu einem Arbeitsunfall und zu erhöhten Krankheitszuständen. Die Arbeitsunfälle werden an die Versicherung weitergeleitet, sodass sich die Beiträge erhöhen. Das Unternehmen legt großen Wert auf eine gute Unternehmenskultur und zielt auf Wertschätzung, Sicherheit und Gesundheit eines jeden Mitarbeiters ab. Aus diesem Grund wurde das Risiko als inakzeptabel eingestuft.
Prozess	PZ 1	IT-Ausfälle aufgrund eines Hardware-Fehlers.	IT-Ausfälle stellen für das Unternehmen einen erheblichen Schaden in Form von Umsatzeinbußen und reduzierter Ausbringungsmenge dar. Mucid Elektrofahrzeuge ist auf die Zuverlässigkeit der IT-Systeme angewiesen. Aufgrund der Unternehmensgröße kann dieser Fehler nicht akzeptiert werden.
	PZ 2	Produktionsausfälle aufgrund von Engpässen in der Lieferkette.	Das Unternehmen hat erkannt, dass aufgrund von ökonomischen Hindernissen, wie bspw. die Corona-Pandemie die Produktion durch die fehlende Lieferkette stehengeblieben ist und dies zu einem Umsatzrückgang geführt hat. Dieses Risiko muss aus diesem Grund heute und in Zukunft berücksichtigt werden.
Bauteil	BT 1	Nichtfunktionsfähiges Bauteil aufgrund von defekter Komponente.	Ein Bauteil, wie bspw. der Elektromotor, welches während des Produktionsprozesses nicht bemerkt wird, stellt in erster Linie eine erhebliche Gefährdung eines Menschen dar. Zudem stellt dies einen Reputationsverlust dar und Das Unternehmen muss mit einer enormen Schadenshöhe rechnen. Dieser Beweggrund führt zu einer Einschätzung in den inakzeptablen Bereich.

---

[34] Eigene Darstellung.

Für den ALARP Bereich hat sich das Unternehmen für die Risiken *PL 1*, *PL 3* und *PZ 3* entschieden. Hierzu wird im nächsten Schritt des Prozesses geprüft, welche Maßnahmen ergriffen werden sollen, um die Risiken des inakzeptablen Bereichs in den ALARP Bereich einzuteilen und die Risiken des ALARP Bereichs in den akzeptablen Bereich einzuteilen. Außerdem hat Mucid Elektrofahrzeuge zwei Risiken bewertet, für die kein Handlungsbedarf einer Risikominderung erfolgen muss. Es handelt sich hierbei um die Risiken *BT 2* und *BT 3*. Obwohl die Bauteile Qualitätsmängel aufweisen, bspw. in Form von Kratzer, oder einer aktuelleren Version des Bauteils verfügbar ist, sind keinerlei Anzeichen eines Risikos ersichtlich. Für den Kunden hat dies keine Auswirkung, da das Elektrofahrzeug als Endprodukt übergeben wird und lediglich Details am Bauteil selbst angepasst worden sind.

Bezüglich einer korrelierenden Wirkung zwischen zwei oder mehreren Risiken konnte durch den Risikomanager festgestellt werden, dass keine korrelierenden Wirkungen eingetroffen sind. Somit kann in diesem Fall auf eine Risikoaggregation bei der Mucid Elektrofahrzeuge AG verzichtet werden.

3.6   Risikobehandlung

In der Phase der Risikobehandlung wird eine aktive Steuerung der identifizierten, analysierten und bewerteten Risiken vorgenommen. Das Ziel besteht in der Umsetzung einer Risikobeherrschung bzw. die Begrenzung des Risikos auf ein bestimmtes Niveau. In Abhängigkeit von den Unternehmenszielen soll hierbei festgestellt werden, ob und welche Maßnahmen bei der Risikobehandlung ergriffen werden sollen. Dabei lassen sich diese Maßnahmen in zwei Strategien unterteilen. Es handelt sich hierbei um ursachenbezogene und wirkungsbezogene Strategien. Die ursachenbezogenen Strategien beinhalten die *Risikovermeidung* und die *Risikoverminderung*. Unter der Risikovermeidung verzichtet das Unternehmen teilweise oder vollständig auf die Aktivität des Risikos. Auch wenn dies die effektivste Strategie ist, kann im Hinblick auf die Geschäftstätigkeit nicht vollständig verzichtet werden. Aus diesem Grund sollte sich die Risikovermeidung auf Einzelaktivitäten oder Teilmaßnahmen konzentrieren. Bei der Risikoverminderung handelt es sich um die Reduzierung der Eintrittswahrscheinlichkeit und das Ausmaß der Schadenshöhe eines Risikos. Mit Hilfe von geeigneten Steuerungsmaßnahmen (personell, technisch, organisatorisch) können die Risiken abgeschwächt werden. Zu den ursachenbezogenen Strategien zählen die *Risikoüberwälzung* und das *Akzeptieren* eines Risikos. Bei dieser Strategie ist sich das Unternehmen bewusst, dass nicht alle Risiken vermieden oder reduziert werden können. Vielmehr soll eine Möglichkeit gefunden werden, wie mit den Risiken umgegangen werden soll. Bei der Risikoüberwälzung wird das Übertragen eines Risikos auf Dritte verstanden, wie bspw. den Abschluss einer Versicherung. In Bezug auf die Risikoakzeptanz ist sich die Organisation über die Auswirkung des Risikos im Klaren und versucht geeignete einen Ausgleich des Schadens zu ermöglichen, wie bspw. Rückstellungen, Liquiditätsreserven oder das Eigenkapital.[35]

Das Unternehmen hat sich dazu entschieden, den Fokus auf den inakzeptablen Bereich zu legen und bemüht sich diese Risiken in den ALARP Bereich zu verschieben. Dennoch möchte das Unternehmen versuchen kostengünstige Maßnahmen des ALARP Bereichs zu erreichen. Die Verantwortlichkeiten des Risikomanagement-Prozesses sind dabei zu folgenden Ergebnissen gekommen:

---

[35] Vgl. Hensen, P. (2019), S. 408 f.

Tabelle 4: Risikobehandlung des inakzeptablen Bereichs der Mucid Elektrofahrzeuge AG[36]

Code	Beschreibung / Ursache	Strategie	Risikobehandlung im inakzeptablen Bereich
PL 2	Arbeitsunfälle aufgrund von Schnittverletzungen am Bauteil.	mindern	Vermehrte Krankheitsausfälle führen zu einer Mehrarbeit. Um den Arbeitsunfällen entgegenwirken zu können, sollen zukünftig Pflichtschulungen eingeführt werden, die sich speziell auf Arbeitsschutz und Arbeitssicherheit beziehen. Außerdem soll zukünftig ein Mitarbeiter benannt werden und sicherstellen, ob die zur Verfügung gestellte Arbeitskleidung (Handschuhe, Helm, etc.) täglich getragen wird. Zusätzlich sollen für Mitarbeiter, die ein Attest durch den Amtsarzt nachweisen können, ergonomische Arbeitsbereiche eingerichtet werden.
PZ 1	IT-Ausfälle aufgrund eines Hardware-Fehlers.	überwälzen	Dieses Risiko stellt für das Unternehmen eines der größten Risiken in Bezug auf Umsatzeinbußen dar. Um dieses zu bewältigen soll mit der IT-Abteilung zusammengearbeitet werden und ein strukturiertes IT-Notfallkonzept erarbeitet werden, bei dem die verschiedenen Eventualitäten im Vorfeld beleuchtet werden. Bei einer Notfallsituation soll die Vorgehensweise beschrieben werden, wie der Notfallbetrieb und wie die vollständige Verfügbarkeit der IT und dessen Daten wieder sichergestellt werden kann.
PZ 2	Produktionsausfälle aufgrund von Engpässen in der Lieferkette.	vermeiden	Für Mucid Elektrofahrzeuge ist es als essenziell anzusehen, dass die Lieferkette in der Serienproduktion nicht ausfallen darf. Somit muss dieses Risiko komplett vermieden werden. In Bezug auf die Corona-Pandemie ist zudem nicht sicher, wie lange und wie oft dieses Problem anhalten wird. Somit kann zum einen versucht werden auf andere Lieferanten in der Nähe des eigenen Standorts auszuweichen, andernfalls wird der Sicherheitsbestand in der Serienfertigung als Vorrat erhöht. Auch wird sich das Unternehmen zukünftig eine neue Zweigstelle errichten, in der die eigene Produktion stattfindet. Dies ist zwar mit erheblichen Kosten verbunden, aber für Das Unternehmen ist dies als sinnvoll anzusehen, da die Anfragen an Elektrofahrzeugen kontinuierlich steigen und sich somit kein Produktionsausfall erlaubt werden darf.
BT 1	Nichtfunktionsfähiges Bauteil aufgrund von defekter Komponente.	vermeiden & überwälzen	Bei diesem Risiko soll in der Serienproduktion ein weiterer Prüfbereich eingeführt werden, der eine 100%ige Prüfung aller Fahrzeuge auf Richtigkeit und Funktionalität sicherstellt. Die Produktion von Elektrofahrzeugen ist ein komplexes Unterfangen, sodass aus diesem Grund ein Augenmerk auf die Funktion aller Systeme und deren Prüfung gelegt werden muss. Zukünftig sollen die Lieferanten durch vertragliche Vereinbarungen mit in die Verantwortung gezogen werden, wenn das Risiko nicht durch die Mucid Elektrofahrzeuge AG zu verschulden ist.

---

[36] Eigene Darstellung.

Tabelle 5: Risikobehandlung des ALARP Bereichs der Mucid Elektrofahrzeuge AG[37]

Code	Beschreibung / Ursache	Strategie	Risikobehandlung im ALARP Bereich
PL 1	Mitarbeiterunzu-friedenheit auf-grund von monoto-ner Arbeitsweise.	mindern	Um die Mitarbeiterunzufriedenheit zu verringern, möchte das Unternehmen ihren Mitarbeitern eine Jobrotation in-nerhalb der Serienproduktion anbieten. Anhand von inter-nen Schulungsmaßnahmen können neue Fähigkeiten er-lernt werden, sodass die Mitarbeiter auch in anderen Be-reichen eingeteilt werden können. Durch regelmäßige Feedbackgespräche zwischen Mitarbeiter und Vorgesetz-ter können diese Möglichkeiten weiterhin verstärkt werden.
PL 3	Personalfluktua-tion aufgrund von Schichtarbeit.	mindern	Damit die Mitarbeiter weiterhin in der Mucid Elektrofahr-zeuge AG tätig sind, möchte das Unternehmen sog. Incen-tive-Programme einführen. Die Mitarbeiter sollen für be-sonders gute Leistungen belohnt werden. Auch möchte das Unternehmen ihre Mitarbeiter am Unternehmensge-winn teilhaben lassen, sodass diese in Form von Aktien ausgeschüttet werden sollen. Dies soll für eine verringerte Personalfluktuation und zu einer Verbesserung in der Un-ternehmenskultur beitragen.
PZ 3	Korrekturmaßnah-men am Bauteil aufgrund von nichtmontagege-rechter Lieferung.	überwälzen	Die Lieferanten sollen zukünftig vertraglich aufgefordert werden, eine fehlerfreie Montierbarkeit am Bauteil zu ge-währleisten. Durch Nicht-Einhaltung des Vertrages sollen zukünftig Vertragsstrafen durchgesetzt werden.

3.7 Risikoüberwachung und -kommunikation

Der Risikomanagement-Prozess wird mit den Phasen der Risikoüberwachung und -kom-munikation abgeschlossen. Die Risikoüberwachung stellt eine andauernde Aufgabe dar, bei der sowohl die vorhandenen Restrisiken als auch dessen Entwicklungstrends beo-bachtet werden. Mit der Überwachung soll sichergestellt werden, dass sich die Risiken nicht erhöhen und keine unerwünschten Veränderungen auftreten, ohne dass sie be-wusst wahrgenommen werden.[38] Als Unterstützung zur Überwachung können Frühwarn-systeme eingesetzt werden. Die gesammelten Informationen sollten in einem

---

[37] Eigene Darstellung.
[38] Vgl. Brühwiler, B. (2011), S. 154.

Risikobericht zusammengefasst werden und regelmäßig in den Managementprozesses einfließen, sodass eine Anpassung oder Neuerfassung von Risiken erfolgen kann.[39]

Auch die Risikokommunikation stellt eine Daueraufgabe des Risikomanagements dar. Die gesammelten Ergebnisse und Aktivitäten des Prozesses sollen regelmäßig, angemessen und vollständig dokumentiert und berichtet werden. Eine Dokumentation wird vorgenommen, damit alle Mitarbeiter einheitlich und zielgerichtet über den Umgang des Risikomanagementprozesses unterrichtet werden. Bei der Risikokommunikation können auch externe Anspruchsgruppen außerhalb der Organisation in den Prozess eingebunden werden. Dabei lassen sich die verschiedensten Argumente und Werthaltungen von außen in den Prozess einbringen und weiterverarbeiten.[40]

Der Risikomanager hat mit dem Serienproduktionsleiter der Mucid Elektrofahrzeuge AG ein Reporting-Tool erstellt, welches bei der Risikoüberwachung als Hilfestellung und als Frühwarnsystem agieren soll. Das Reporting-Tool wurde nochmals durch einen externen Berater geprüft und angepasst. In diesem Tool sind wichtige Informationen, wie bspw. die Aufgabenverteilung oder der Zeitplan für die Risikobewältigung enthalten, welcher zudem digital mit den jeweiligen Bereichen der Serienproduktion verknüpft ist. Die Mitarbeiter können dadurch auf die relevanten Kennzahlen blicken und erhalten unmittelbar eine Mitteilung, sobald sich Änderungen ergeben haben. Anhand dessen können sofortige Maßnahmen eingeleitet werden.

Bezüglich der internen Kommunikation wird die Rechtsabteilung, die IT-Abteilung und die Personalabteilung in den Risikomanagement-Prozess mit eingebunden. Zukünftig wird die Rechtsabteilung mit den Lieferanten der Mucid Elektrofahrzeuge in Verbindung stehen, um die vertraglichen Änderungen abzuwickeln. Die IT-Abteilung wird zentraler Ansprechpartner für Störungsausfälle sein und die Personalabteilung wird sich mit dem Serienproduktionsleiter regelmäßig über Schulungs- und Incentive-Programme austauschen. Außerdem wird ein wöchentliches Jour-Fixe eingeführt bei den über anstehenden Aufgaben und Problemen berichtet wird. Jeder Mitarbeiter ist dabei eingebunden, was

---

[39] Vgl. Hensen, P. (2019), S. 409.
[40] Vgl. Hensen, P. (2019), S. 409 f.

zusätzlich den Zusammenhalt stärkt und zu einer verbesserten Unternehmenskultur innerhalb der Serienproduktion führt. Bezüglich der externen Kommunikation wird der jährliche Geschäftsbericht der Mucid Elektrofahrzeuge AG um den Abschnitt des Risikomanagements ergänzt. Dadurch werden die externen Interessensgruppen über die Veränderungen im Unternehmen unterrichtet. Außerdem besteht die Möglichkeit bei der jährlichen Hauptversammlung einen Austausch zwischen dem Unternehmen und deren Interessensgruppen stattfinden zu lassen, sodass relevante Vorschläge im Unternehmen berücksichtigt werden können.

4   Zusammenfassung und kritische Reflexion

Das Ziel dieses Assignments bestand darin, eine Beschreibung des Risikomanagement-Prozesses nach ISO 31000 vorzunehmen und diesen anhand eines fiktiven Beispiels zu illustrieren. Dabei wurde jede Risikomanagement-Aktivität durch eine verwendete Methode vorgestellt. Die Problematik dieses Themas bestand darin, dass die Umsetzung eines angemessenen Risikomanagements in der eigenen Organisation fehlt bzw. nur teilweise vorhanden ist. Der Grund hierfür beinhaltete u.a. das nicht vorhandene Wissen zur Anwendung von Methoden. Um dieser Problematik entgegenzuwirken wurde der Risikomanagement-Prozess anhand der ISO 31000 beschrieben, welcher einer Unternehmung dazu verhelfen soll, ein risikoärmeres Management zu implementieren und eine effektive Entscheidungsfindung zu ermöglichen. Dabei wurden zunächst die Grundlagen erläutert und auf die Definitionen von Risiko und Risikomanagement eingegangen. Darauf aufbauend ließ sich der Risikomanagement-Prozess am Beispiel der Mucid Elektrofahrzeuge AG illustrieren. Die Prozessschritte wurden zunächst deskriptiv beschrieben, bevor sie anhand des Praxisbeispiels angewendet wurden.

Grundsätzlich kann gesagt werden, dass der Risikomanagement-Prozess nach ISO 31000 durch das angewandte Praxisbeispiel näher vertieft und ein besseres Verständnis durch die angewandten Methoden hervorgerufen hat. Allerdings wurde dadurch ersichtlich, dass bspw. die Identifizierung oder die Bewertung von Risiken auf subjektive Wahrnehmungen beruhen. Dies setzt sowohl ein umfangreiches Verständnis als auch detaillierte Kenntnisse voraus. Somit ist es als essenziell anzusehen, zusätzlich einen externen

Berater in den Prozess mit einzubeziehen. Eine fehlende Identifizierung oder Bewertung kann den weiteren Prozessverlauf beeinflussen und ggf. negative Folgen mit sich bringen. Auch konnte festgestellt werden, dass die methodische Vorgehensweise von der Risikoidentifizierung bis zur Risikobehandlung und darüber hinaus sehr umfangreich und mit hohen Aufwandskosten verbunden ist. Gerade in der Automobilbranche stellt der Zeitfaktor eine wichtige Ressource dar, die u.a. durch den starken Wettbewerbsdruck zu vertreten ist. Dadurch kann es vorkommen, dass der Risikomanagement-Prozess an bestimmten Bereichen nicht konsequent genug durchgeführt wird. Ein Vergleich zwischen ähnlichen Branchen, wie bspw. der Flug- und Schiffsbau oder die Automobilindustrie im Umgang mit Risiken und zeitlichen Aspekten könnte hierbei Aufschluss geben.

In Zukunft wird der Bereich des Risikomanagements weiter an Bedeutung zunehmen. Anhand der kontinuierlich steigenden Wettbewerbsintensität und der Globalisierung ist davon auszugehen, dass ein Unternehmen durch die daraus resultierenden Chancen, gleichzeitig auch den Risiken entgegenwirken muss. Die Vielzahl von positiven Effekten kann nur zum Vorschein gebracht werden, wenn sich das Risikomanagement als integraler und selbstverständlicher Bestandteil eines jeden Unternehmens etabliert.

Anhang

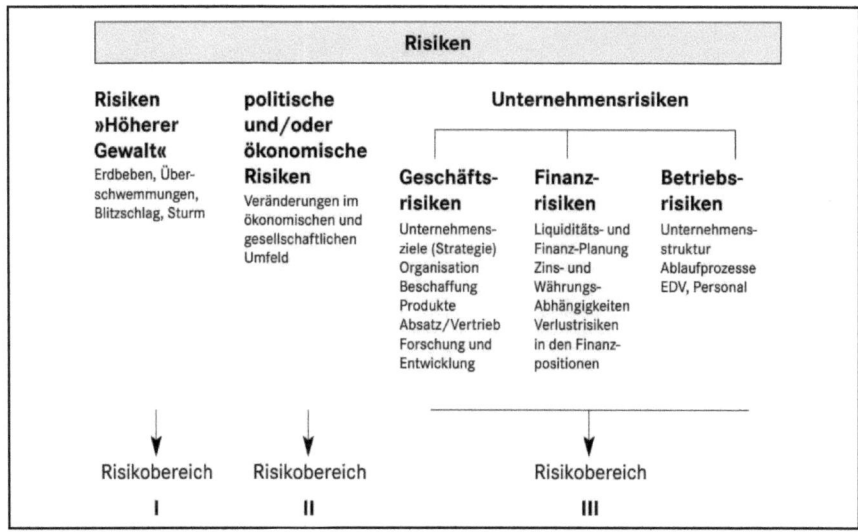

Risiken

Risiken »Höherer Gewalt«	politische und/oder ökonomische Risiken	Unternehmensrisiken		
		Geschäfts- risiken	**Finanz- risiken**	**Betriebs- risiken**
Erdbeben, Über- schwemmungen, Blitzschlag, Sturm	Veränderungen im ökonomischen und gesellschaftlichen Umfeld	Unternehmens- ziele (Strategie) Organisation Beschaffung Produkte Absatz/Vertrieb Forschung und Entwicklung	Liquiditäts- und Finanz-Planung Zins- und Währungs- Abhängigkeiten Verlustrisiken in den Finanz- positionen	Unternehmens- struktur Ablaufprozesse EDV, Personal
↓ Risikobereich I	↓ Risikobereich II	↓ Risikobereich III		

Anhang 1: Übersicht der Risikokategorien[41]

---

[41] Keitsch, D. (2004), S. 5.

Anm. der Red.: Diese Abb. wurde aus urheberrechtlichen Gründen entfernt.

Anhang 2: Principles, framework and process[42]

| Kollektionsmethoden | Suchmethoden | |
	Analytische Methoden	Kreativitätsmethoden
• Checkliste • Schadenfall-Datenbank • SWOT-Analyse • Self-Assessment • Risiko-Identifikations- Matrix (RIM) • Interview	• Bow-Tie-Analysis • Empirische Datenanalyse • Fehlerbaumanalyse (Fault Tree Analysis, FTA) • Fehlermöglichkeits- und Einflussanalyse (FMEA) • Hazard and operability studies (HAZOP) • Business impact analysis • Fehler-Ursachen-Analyse (Root cause analysis, RCA) • Ereignis-Baumanalyse (Event tree analysis) • Cause-and-effect analysis • Ishikawa-Diagramm • Markov analysis / Bayesian statistics and Bayes Nets • Consequence/probability matrix • Social Network Analysis	• Morphologische Analyse • Brainstorming • Brainwriting • Methode 635 • Brainwriting Pool • Mind Mapping • KJ-Methode • Flip-Flop-Technik (Kopfstandtechnik) • World-Café • Delphi-Methode • Business Wargaming • Deterministische Szenarioanalyse • Stochastische Szenarioanalyse (stochastische Simulation) • System Dynamics

Anhang 3: Methoden zur Risikoidentifizierung[43]

---

[42] ISO, a (2018), (Zugriff am 07.02.2021).
[43] Romeike, F., Hager, P. (2020), S. 90.

Literaturverzeichnis

Quellenangaben:

Bartelt, S., Wieben, H.J.: Ganzheitliches Risikomanagement nach ISO 31000 im mittelständischen Maschinen- und Anlagenbau; https://www.fhdw-hannover.de/_Resources/Persistent/8bef29a9b898b2ec22ccfd429ef31c43fcdd8bde/Bartelt_Wieben_RM%20im%20Maschinen-%20und%20Anlagenbau_CM_0117.pdf (Zugriff am 09.02.2021).

Brühwiler, B. (2011): Risikomanagement als Führungsaufgabe – ISO 31000 mit ONR 49000 wirksam umsetzen, 3., überarbeitete und aktualisierte Auflage, Bern, Haupt Verlag.

Drews, F., Seibold, J. (o.J.): Requirements Engineering und Risikomanagement, Risikomanagement von technischen Prozessen, AKAD-Studienbrief RER815, o.O.

Gleißner, W. (2011): Grundlagen des Risikomanagements im Unternehmen – Controlling, Unternehmensstrategie und wertorientiertes Management, 2. Auflage, München.

Hensen, P. (2019): Qualitätsmanagement im Gesundheitswesen – Grundlagen für Studium und Praxis, 2., überarbeitete und erweiterte Auflage, Wiesbaden.

Hoffmann, W. (2017): Risikomanagement – Kurzanleitung Heft 4, 3., neu bearbeitete Auflage, Berlin.

ISO (Hrsg): Risk Management – ISO 31000; https://www.iso.org/files/live/sites/isoorg/files/store/en/PUB100426.pdf (Zugriff am 06.02.2021).

ISO, a: ISO 31000:2018 – risk managment – Guidlines; https://www.iso.org/standard/65694.html (Zugriff am 07.02.2021).

Keitsch, D. (2004): Risikomanagement, 2. überarbeitete und erweiterte Auflage, Stutt-gart.

Klipper, S. (2015): Information Security Risk Management – Risikomanagement mit ISO/IEC 27001, 27005 und 31010, 2., überarbeitete Auflage, Wiesbaden.

Königs, H.-P. (2009): IT-Risiko-Management mit System, von den Grundlagen bis zur Realisierung, ein praxisorientierter Leitfaden, 3. Auflage, Wiesbaden.

Königs, H.P. (2013): IT-Risikomanagement mit System – Praxisorientiertes Management von Informationssicherheits- und IT-Risiken, 4. Auflage, Wiesbaden.

Mahnke, A., Rohlfs, T. (2020): Betriebliches Risikomanagement und Industrieversiche-rung – Erfolgreiche Unternehmenssteuerung durch ein effektives Risiko- und Versiche-rungsmanagement, Wiesbaden.

Pampel, K.: Anforderungen an ein betriebswirtschaftliches Risikomanagement unter Be-rücksichtigung nationaler und internationaler Prüfungsstandards, in: Hochschule Wismar, 13. Ausgabe, 2005

Romeike, F. (2018): Risikomanagement, Wiesbaden.

Romeike, F., Hager, P. (2020): Erfolgsfaktor Risikomanagement 4.0 – Methoden, Bei-spiele, Checklisten – Praxishandbuch für Industrie und Handel, 4., vollständig überarbei-tete Auflage, Wiesbaden.

Runzheimer, B., Wolf, K. (2003): Risikomanagement und KonTraG – Konzeption und Im-plementierung, 4., vollständig überarbeitete und erweiterte Auflage, Wiesbaden.

Wälder, K., Wälder, O. (2017): Methoden zur Risikomodellierung und des Risikomana-gements, Wiesbaden.

Wien, A., Kirschner, R.: Das interne Überwachungssystem als effektives Instrument des Risikomanagements, in: Controlling Management ZfCM, 56. Jahrgang 2012, Nr. 3, S. 192-196.

Wolf, K., Runzheimer, B. (2009): Risikomanagement und KonTraG – Konzeption und Implementierung, 5. vollständig überarbeitete Auflage, Wiesbaden.

Wolle, B. (2014): Risikomanagementsysteme in Versicherungsunternehmen – Von regulatorischen Vorgaben zum nachhaltigen Risikomanagement, Wiesbaden.